Die schwedische Originalausgabe erschien bei Rabén & Sjögren
Bokförlag, Stockholm, unter dem Titel „Första Trädboken".
Deutsch von Regine Elsässer
Printed in Hong Kong, 1991/Polex Int. AB

ISBN 3-7891-6755-X

LARS KLINTING

MEIN KLEINES BAUMBUCH

Verlag Friedrich Oetinger
Hamburg

Lies zuerst diese Seite

Dieses Buch handelt von unseren häufigsten wildwachsenden Bäumen und davon, wie man sie erkennt. Du wirst in der Natur bestimmt auch angepflanzte oder verwilderte Bäume antreffen, die nicht in diesem Buch aufgeführt sind. Die kannst du in einem Buch nachschlagen, in dem *alle* Bäume, die es bei uns gibt, beschrieben sind.

Einige Bäume kann man sehr leicht erkennen. Bei anderen muß man genauer hinschauen und Blätter und andere Merkmale vergleichen, damit man weiß, um welche Art es sich handelt. Manchmal sehen Bäume der gleichen Art sehr verschieden aus, je nachdem, wo sie wachsen. An einer windigen Stelle bleibt ein Baum oft kleiner als an einem geschützten Platz. Wenn der Baum im Wald wächst, sitzt die Krone (Äste und Blätter) weit oben am Stamm, um ans Sonnenlicht zu gelangen. Wenn der Baum frei auf einer sonnigen Wiese wächst, brauchen die Zweige sich nicht nach der Sonne zu strecken. Da wird die Krone größer und wächst weiter unten am Stamm.

Bei den farbigen Abbildungen im Buch sind einige Blüten, Samen und Früchte vergrößert dargestellt, damit du besser sehen kannst, wie sie wirklich aussehen.

Und denk immer daran, daß man keine Zweige abbrechen oder die Bäume sonstwie beschädigen darf, wenn man draußen in der Natur ist!

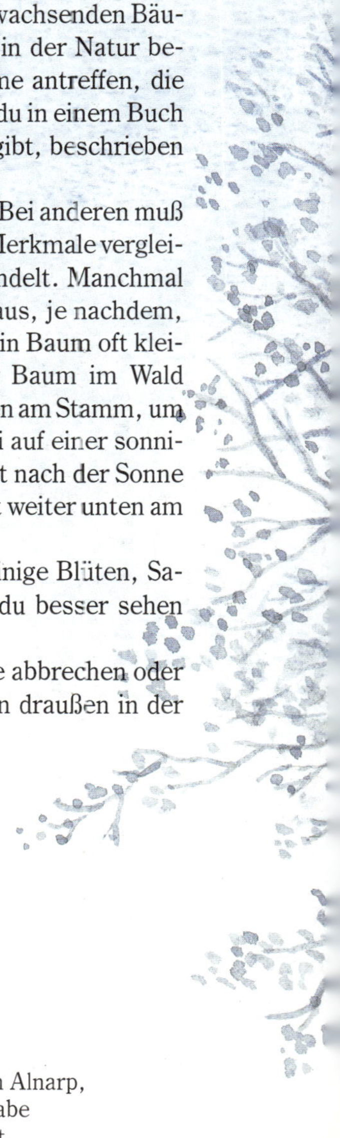

Mein Dank
gilt Allan Gunnarsson
von Schwedens Landwirtschaftsuniversität in Alnarp,
von dem ich viel über Bäume gelernt habe
und der diesen Text durchgesehen hat.

INHALT

Die größte Pflanze der Welt

Gibt es etwas Wohligeres, als an einem warmen Sommertag unter einem großen Baum im Schatten zu liegen? Einfach dazuliegen und in die Laubkrone hinaufzuschauen und in die Blätter, die im Wind rascheln? Wenn es zu regnen anfängt, kann man ruhig liegenbleiben, weil der Baum sowohl vor der Sonne als auch vor dem Regen schützt. Wenn es ein großer Kletterbaum ist, kannst du hinaufklettern und dich im Laub verstecken wie in einer grünen Hütte. Vielleicht ist ja einer der Äste stark genug, daß man eine Schaukel aufhängen kann. Liegen trockene Zweige auf der Erde, kannst du sie mit nach Hause nehmen und damit Feuer machen zum Heizen oder Kochen. Wenn es ein Apfelbaum ist, kannst du dich satt essen.

Wie du siehst, kann man einen Baum zu vielem gebrauchen, und das weiß der Mensch seit Jahrtausenden. Das harte Holz des Baumes wird zum Bauen von Häusern, Schiffen und Möbeln verwendet. Man pflanzt Bäume wegen ihrer guten und nahrhaften Früchte. Oder man pflegt sie in Parks und Gärten, weil sie schön anzuschauen sind.

Aber was ist eigentlich ein Baum?

Der Baum ist eine Pflanze wie die Butterblume auf der Wiese oder das Buschwindröschen im Wald. Wenn man genau hinschaut, sieht man, daß es viele Ähnlichkeiten zwischen einer Butterblume und einer Vogelbeere gibt. Beide haben Wurzeln und einen Stamm (der Stamm der Butterblume wird Stengel genannt). Beide haben Blätter und Blüten.

Aber es gibt Unterschiede. Einer ist die Größe. Eine Butterblume wird nicht größer als 30–40 Zentimeter, während die Vogelbeere bis zu 20 Meter hoch werden kann!

Der Stamm und die Äste eines Baumes bestehen aus *Holz.* Holz ist hart und fest und hilft dem Baum, groß und schön zu werden, ohne abzubrechen oder geknickt zu werden, wenn es stürmt. Ein Baum hat auch große und starke Wurzeln, die ihn im Boden verankern.

Genau wie wir braucht der Baum Nahrung, um zu leben und zu wachsen. Die Wurzeln saugen Wasser und verschiedene andere Stoffe (Nährstoffe) auf, die in der Erde sind. Das Wasser und die Nährstoffe steigen im Stamm durch kleine feine „Röhrchen" nach oben in die verschiedenen Teile des Baums, wo sie sich in einen Teil der Nahrung des Baums umwandeln. Der Baum bekommt auch direkt durch die Blätter Nahrung. Darüber kannst du auf Seite 10 mehr lesen.

Wie ein Baum wächst

Wenn man eine Scheibe aus einem Baum heraussägt, sieht man, wie der Baum wächst und wie alt er ist. Die hellen, breiten Ringe wachsen im Frühling und im Frühsommer, die dunklen im Spätsommer und im Herbst.

Ein Baum wächst auf zweierlei Art und Weise. Der Stamm und die Äste wachsen so, daß sie jedes Jahr dicker werden. Gleichzeitig wachsen neue *Triebe,* so daß der Baum größer wird und eine schöne dichte Krone bekommt. Triebe nennt man die ganz neuen Zweige. Unten in der Erde wachsen die Wurzeln und werden jedes Jahr dicker und länger.

Um nicht auszutrocknen, hat der Baum eine *Rinde.* Die Rinde ist eine Art Haut, die auch gegen Insekten schützt, die gerne Holz fressen. Direkt unter der Rinde wächst der Baum in die Breite. Ungefähr wie wenn man Papier zu einer Rolle rollt, eine Schicht über der anderen.

Wenn du einen Baumstumpf oder die Schnittfläche eines gefällten Baums anschaust, kannst du im Holz ein Muster sehen, das wie Ringe aussieht. Immer abwechselnd ein heller und ein dunkler Ring. Diese Ringe nennt man *Jahresringe.*

Die hellen Ringe sind im Frühling und im Frühsommer gewachsen, und die dunklen im Spätsommer und auch noch im Herbst bis die Blätter fallen. Unsere Bäume wachsen mehr im

Frühjahr, deshalb sind die hellen Frühjahrsringe breiter als die dunklen Herbstringe.

Im Winter ist die Erde gefroren und kalt, so daß der Baum kein Wasser aus der Erde saugen kann. Deshalb ruht der Baum im Winter und wartet mit dem Wachsen, bis es wieder Frühling wird. Wenn du die dunklen Jahresringe zählst, kannst du feststellen, wie viele Jahre (Herbste) der Baum gelebt hat.

Die Knospen der Bäume sind wie kleine Pakete, die alles enthalten, was gebraucht wird, damit neue Triebe, Blätter und Blüten entstehen können. Sie entwickeln sich im Frühjahr und im Sommer, wenn der Baum wächst. Im Winter ruhen die Knospen, bis sie im Frühjahr austreiben.

Wenn ein Trieb zu wachsen beginnt, ist er zuerst grün und weich. Zum Herbst hin ist er hart geworden und hat eine Schicht Rinde bekommen, das ist ein guter Schutz gegen die Kälte des Winters. Triebe, die wachsen, nennt man *Jahrestriebe,* und Triebe, die im letzten Jahr gewachsen sind, nennt man *Vorjahrestriebe.*

Die Blätter

Verschiedene Blatttypen

Gefiedertes Blatt

Einfaches Blatt

Nadel

Man teilt die Bäume in *Laubbäume* und *Nadelbäume* ein. Die Laubbäume verlieren ihre Blätter im Herbst, die Nadelbäume behalten ihre mehrere Jahre. Irgendwann verlieren auch die Nadelbäume ihre Blätter, aber nicht alle auf einmal. Sie fallen „nach und nach“ und werden gegen neue ausgetauscht. Deshalb sind die Nadelbäume immer grün.

Jedes Blatt ist wie eine kleine Fabrik. Im Blatt gibt es einen Farbstoff, der *Chlorophyll* heißt. Das Chlorophyll ist das Grüne im Blatt. Mit Hilfe des Sonnenlichts kann das Chlorophyll einen Teil der „Nahrung“ des Baums herstellen.

Diese kleinen „Blattfabriken“ stoßen aber keine giftigen Gase oder Rauch wie andere Fabriken aus. Im Gegenteil. Sie produzieren das Wichtigste für alles Leben auf der Erde: Sauerstoff! Wenn die Blätter „Nahrung“ für den Baum herstellen, bildet sich Sauerstoff, so daß wir atmen können. Der Sauerstoff entweicht durch kleine Löcher in den Blättern, aber sie sind so klein, daß man sie mit bloßem Auge nicht sehen kann.

Ohne die grünen Blätter der Pflanzen kann nichts auf der Welt atmen und leben!

Hast du gewußt, daß die Blätter schwitzen? Wasser verdunstet von den Blättern und verschwindet als Wasserdampf in der Luft. Das Wasser, das verdunstet, muß immer wieder durch neues ersetzt werden, das die Wurzeln aus der Erde aufsaugen. Im Winter können die Wurzeln kein Wasser aus der gefrorenen Erde saugen und das Wasser, das durch die Blätter verdunstet, ersetzen. Deshalb verlieren die Bäume ihre Blätter, bevor der Winter kommt. Es ist wichtiger, daß Wurzeln, Stamm und Zweige den Winter überstehen. Blätter wachsen ja im Frühjahr neu.

Im Winter ruhen die Bäume, aber ehe es richtig kalt wird, müssen sie sich einen „Nahrungsvorrat“ zulegen. Deshalb saugen die Bäume

Das passiert, wenn das Blatt Nahrung für den Baum herstellt: Das Chlorophyll im Blatt kann mit Hilfe des Sonnenlichts Kohlendioxid und Wasser in Zucker (die Nahrung des Baums) umwandeln. Man nennt das *Photosynthese.*

Blattsaft, Nährstoffe und Chlorophyll aus den Blättern, die sie dann über Winter aufbewahren. Wenn der Baum, das, was er braucht, aus den Blättern bekommen hat, lösen sich diese und fallen zur Erde. Bevor sie fallen, ist die Blattknospe des nächsten Jahres schon gewachsen. Diese Knospen ruhen im Winter und treiben aus, wenn der Frühling mit Sonne und Wärme kommt. Jetzt brauchen die Bäume ihren „Nahrungsvorrat“ für die wachsenden Knospen und Triebe.

Wenn das Chlorophyll in den Baum gesaugt wird, bekommen die Blätter neue Farben. Meistens gelb und rot. Diese Farben waren schon immer da, man konnte sie nur nicht sehen, weil das grüne Chlorophyll sie überdeckt hat.

Die Blätter der Nadelbäume, die *Nadeln,* bleiben mehrere Jahre am Baum. Die Nadeln haben eine dicke „Haut“, die mit Wachs überzogen ist und bewirkt, daß die Nadeln lange das Wasser halten können, ohne auszutrocknen.

1. Das grüne Chlorophyll verschwindet langsam aus dem Blatt, neue Farben kommen zum Vorschein.

2. Jetzt hat das Blatt seine Herbstfarbe und wird allmählich am Stielansatz abgeschnürt.

3. Schließlich fällt das Blatt. Die Blattknospe für das Blatt des nächsten Jahres ist genau über der Stelle, an der das alte Blatt befestigt war.

4. Wenn das Blatt gefallen ist, landet es auf der Erde, wo Würmer und andere Kleintiere es in feinen Humus verwandeln, in dem wieder neue Bäume wachsen können.

Die Blüten der Bäume

Bäume können sehr alt werden: manche Arten mehrere hundert Jahre. Aber irgendwann muß auch ein Baum sterben. Die Bäume blühen, damit sie sich vermehren und neue Bäume wachsen können. Die verschiedenen Bäume nehmen sich unterschiedlich lange Zeit, bis sie das erste Mal blühen. Die Buche wartet zum Beispiel, bis sie 50 Jahre alt ist!

Es gibt verschiedene Sorten von Blüten. Bei einigen Bäumen sind die Blüten in männliche und weibliche aufgeteilt. Manchmal wachsen sie auf ein und demselben Baum, aber zum Beispiel bei der Weide wachsen sie auf verschiedenen Bäumen.

Die männlichen Blüten haben „Pollen“. Das sind winzigkleine Körner, die aussehen wie Staub. Man nennt ihn deshalb auch Blütenstaub. Der Pollen wird durch den Wind oder mit Hilfe von Insekten verbreitet. Damit neue Früchte und Samen entstehen, muß der Pollen auf eine weibliche Blüte kommen.

Die weiblichen Blüten nehmen den Pollen der männlichen Blüten auf. Wenn ein wenig Pollen an einer weiblichen Blüte hängenbleibt, wird allmählich eine *Frucht* daraus.

Die Frucht ist entweder weich und saftig wie bei der Vogelbeere oder hart und trocken wie bei der Birke. Die Frucht enthält einen oder mehrere *Samen*.

Die Vogelbeere hat zweigeschlechtliche Blüten. Die Blüten sind ziemlich klein und wachsen in dichten Dolden, damit man sie gut sieht. Sie duften auch, damit die Insekten sie finden. Die Staubgefäße sitzen in einem Kranz um den Stempel.

Die Birke hat sowohl männliche als auch weibliche Blüten. Im Frühjahr geben die männlichen Blüten ihren Blütenstaub ab, der vom Wind zu den weiblichen Blüten getragen wird. Die Blüten heißen Kätzchen und bestehen eigentlich aus dicht beieinanderliegenden Kleinstblüten.

♀ Männliche Blüte ♂ Weibliche Blüte ⚥ Zweigeschlechtliche Blüte

Es gibt auch Bäume, die *zweigeschlechtliche* Blüten haben. Das sind gleichzeitig männliche und weibliche Blüten. In der Mitte der Blüte sitzt der weibliche Teil, der Stempel, und drumherum sitzen die männlichen Teile, die Staubgefäße mit ihrem Pollen.

Diese Blüten bekommen Hilfe von Insekten, um ihren Pollen zu verbreiten. Die Insekten kommen zur Blüte, um Pollen und Nektar zu essen. Nektar ist ein Zuckerwasser, das es in der Blüte gibt. Wenn ein Insekt in der Blüte herumkrabbelt, bleiben Pollenkörner am Körper haften. Wenn es dann zur nächsten Blüte fliegt, um sich weiter satt zu essen, bleibt ein bißchen Pollen am Stempel der neuen Blüte hängen.

Wenn die Pollenkörner am Stempel hängengeblieben sind, wächst er und wird allmählich eine Frucht. Die Blüte ist *befruchtet.* Die Früchte der Vogelbeere, die „Vogelbeeren“, sind weich und enthalten mehrere Samen. Viele Vögel, besonders die Wacholderdrossel, mögen die Vogelbeeren besonders gern.

Wenn eine Wacholderdrossel eine Vogelbeere frißt, kommt der Samen in den Magen. Wenn der Vogel dann Kot abgibt, kommt der Samen völlig unversehrt wieder mit heraus! Wenn der Samen an einem Ort landet, wo er keimen kann, wächst bald wieder ein neuer Vogelbeerbaum, weit weg vom „Mutterbaum“.

Wenn die weiblichen Blüten befruchtet worden sind, wachsen sie und werden zu Früchten, und wenn die Früchte reif sind, werden sie vom Wind verbreitet. Sie sind hart und haben zwei Flügel, damit sie weit fliegen können. In der harten Fruchtschale liegt ein Samen.

Im Herbst kann man die kleinen geflügelten Früchte der Birke im Wind wirbeln sehen. Wenn sie einen Platz finden, an dem sie keimen können, wachsen neue Birken, die blühen und ihre Samen mit dem Wind verbreiten . . .

Der verwertbare Baum

Das harte Holz des Baums kann man zu vielerlei verwenden. Aus den Baumstämmen kann man Zimmerholz sägen, das man für Möbel, Häuser und Schiffe verwenden kann.

Wenn du dich umsiehst, wirst du feststellen, daß es viele Dinge gibt, die aus Holz angefertigt sind. Zum Beispiel der Bleistift auf dem Schreibtisch, das Schneidebrett in der Küche, die Möbel und die Türen.

Aber manchmal sieht man es auch nicht, wenn Dinge aus Holz gemacht sind. Das Holz kann man auch zu Papiermasse (Zellulose) mahlen, das dann zu Papier verarbeitet wird. Das Papier dieses Buchs ist ebenso aus Holz hergestellt wie der Leim, mit dem es verleimt ist. Aus Holz kann man auch verschiedene Lösungsmittel herstellen: zum Beispiel Terpentin und Aceton.

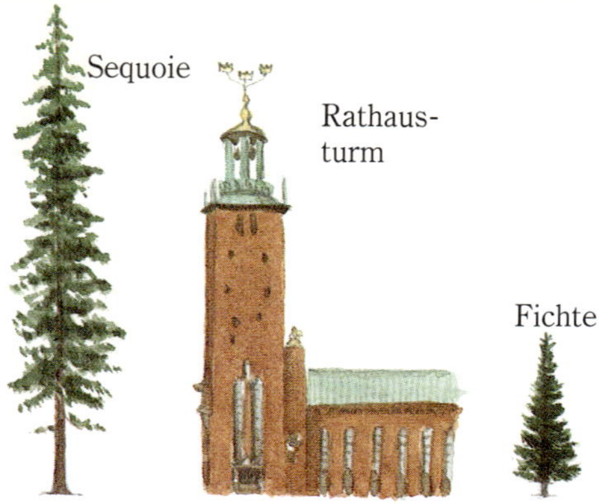

Der größte und der älteste Baum

Welcher Baum am größten ist, ist schwer zu sagen. Das kommt darauf an, ob man den höchsten oder den dicksten Baum meint. Der höchste Baum ist bei uns die Fichte, die fast 60 Meter hoch werden kann. Die dicksten Bäume sind bei uns Eichen und Linden. Ihr Stammumfang kann über 10 Meter betragen. Auch wenn viele „tausendjährige" Eichen nicht wirklich so alt sind, gibt es viele sehr alte Exemplare.

Der größte Baum der Erde ist ein Nadelbaum, der in Nordamerika wächst. Diese Küstensequoie oder Redwood kann bis 120 Meter hoch werden. Dort gibt es den dicksten Baum der Erde, den Mammutbaum, der einen Stammumfang von ungefähr 30 Metern hat. Auch den ältesten Baum der Erde hat man in Nordamerika gefunden. Dort wächst die Fuchsschwanz-Kiefer, die fast 5000 Jahre alt werden kann!

Untermieter der Bäume

Nicht nur der Mensch hat Nutzen von den Bäumen. In den Spalten der Rinde und zwischen den Zweigen und Blättern wimmelt es von vielerlei Insekten. Einige tun dem Baum nicht unbedingt gut. Sie bohren sich unter die Rinde und knabbern das Holz an. Da können die Bäume krank werden und sterben. Aber die meisten Insekten richten überhaupt keinen Schaden an.

Viele Vögel verstecken ihre Nester in den Zweigen. Das Laub schützt vor Regen und Wind, und außerdem gibt es genug Nahrung. Vögel mögen Insekten, Larven, Früchte und Samen.

Auch das Eichhörnchen lebt in Bäumen. Da baut es sein Nest und flitzt auf den Zweigen umher und sucht Futter. Die Samen in den Fichtenzapfen gehören zum Lieblingsfutter des Eichhörnchens.

Was ist das für ein Baum?

Wenn du vor einem Baum stehst und wissen willst, was für ein Baum es ist, mußt du auf manche Dinge besonders achten.

Wenn es Frühling oder Sommer ist, kannst du die Blätter und Blüten mit den Bildern in diesem Buch vergleichen. Wenn es Herbst ist, hat der Baum vielleicht Früchte und Samen, die gute Kennzeichen sein können. Im Winter sind es die Knospen und die Form des Baums, die du betrachten kannst.

Am Anfang der Texte, die die verschiedenen Bäume beschreiben, sind kleine Silhouettenbilder, die zeigen, wie die Bäume im Winter aussehen.

Hier siehst du, wie die verschiedenen Teile eines Blattes heißen.

Kiefer

Hast du schon einmal Kiefer gegessen? Früher hat man das tatsächlich gemacht! Wenn es eine Mißernte gegeben hatte, vermischte man das Mehl zum Brotbacken mit gemahlener Kiefernrinde. Das Brot nannte man *Borkenbrot.* Ich möchte gerne wissen, wie das geschmeckt hat! Für das Borkenbrot nahm man nur die dünne Schicht der Rinde, die dem Holz am nächsten ist.

Die Kiefer oder Föhre, wie sie auch genannt wird, gehört zu den Bäumen, die am vielseitigsten verwendbar sind. Baumaterial, Möbel, Telefonmasten, Zellulose, Teer, Terpentin und Rindenschiffchen sind nur ein paar Dinge, die man aus Kiefer machen kann.

Die Kiefer ist ein Nadelbaum. Die Nadeln sitzen paarweise auf den Zweigen und werden etwa drei Jahre alt. Junge Kiefern wachsen schnell in die Höhe. Aber wenn sie älter werden, wachsen sie nicht mehr in die Länge, und die Krone breitet sich aus. Die graubraune Rinde ist unten am Stamm dick und rissig. Weiter zur Spitze hin ist sie dünn und rotbraun und blättert in feinen Schuppen ab.

Die Kiefer hat männliche und weibliche Blüten. Im Sommer staubt es nur so von all dem Pollen, den die gelben männlichen Blüten von sich geben. Mit Hilfe des Windes kann der Blütenstaub viele Kilometer weit fliegen! Wenn die roten weiblichen Blüten *bestäubt* worden sind (Blütenstaub angenommen haben), dauert es ein Jahr bis die Früchte, die Zapfen, zu wachsen beginnen. Am Anfang sind die Zapfen grün, aber wenn sie im dritten Jahr reif sind, sind sie graubraun geworden. Wenn die Samen reif sind, platzen sie vom Zapfen weg. Man kann richtig hören, wie es knallt, wenn die Kiefernzapfen ihre geflügelten Samen abgeben, die zur Erde segeln. Die Föhre wächst bei uns fast überall, und sie braucht viel Licht. Sie kann sehr alt werden, bis zu 500 Jahre, und sie wird etwa 30 Meter hoch.

Junge Kiefer

Alte Kiefer

Unreifer Zapfen

Reifer Zapfen

Blühender Kiefernzweig

Samen

Nadel

Fichte

Die Fichte ist ein Nadelbaum, der wild wächst, meist aber vom Menschen angepflanzt wird. Die Erde muß nährstoffreich und feucht sein, wenn die Fichte sich wohlfühlen soll. Sie braucht allerdings nicht so viel Sonne wie die Kiefer. Die Nadeln bleiben sechs bis sieben Jahre am Zweig, sie sind kürzer als bei der Kiefer und wachsen überall auf den Zweigen.

Lärche

Die Fichte hat weibliche und männliche Blüten am gleichen Baum. Wenn die weiblichen Blüten im April-Mai bestäubt worden sind (mit Hilfe des Windes) fangen die Zapfen sofort zu wachsen an und werden noch im gleichen Herbst reif. Die Samen werden im späten Winter und im Frühjahr abgegeben.

Weil die Fichte mit einem sehr geraden Stamm wächst, wird sie oft als Fahnenstange, Bootsmast und Telegrafenmast verwendet. Aber die meisten Fichten werden zu Zellulose verarbeitet.

Nur einzelne Fichten werden über 40 Meter groß. Fichten können zwischen 250 und 350 Jahre alt werden, aber die meisten werden viel früher gefällt, damit sie zu Zellulose verarbeitet werden können. Im Volksmund werden Fichten oft als Tannen bezeichnet. Dabei handelt es sich bei der Tanne um eine andere Art, die vor allem im Gebirge wächst. Man erkennt eine Tanne leicht an den aufrechtstehenden Zapfen.

Es gibt noch einen anderen wichtigen Nadelbaum, der Lärche heißt. Die Lärche ähnelt der Fichte, hat aber eine lichtere und „unordentlichere“ Krone. Die Nadeln der Lärche sind weich und stechen nicht. Ein Merkmal unterscheidet die Lärche von all unseren anderen Nadelbäumen: Sie läßt nämlich jeden Herbst die Nadeln fallen, genau wie die Laubbäume.

Zweig und Zapfen der Lärche

Unreifer Zapfen

Reifer Zapfen

Blühender Fichtenzweig

Nadel (vergrößert)

Samen

Wacholder

Wacholder wächst an sonnigen, trockenen Stellen. Manchmal ist der Wacholder ein Busch, manchmal wächst er als kleiner Baum von über fünf Meter Höhe. Der Wacholder ist ein Nadelbaum mit kleinen spitzen Nadeln, die immer zu dritt in einem Kranz um den Zweig wachsen. Sie bleiben ungefähr 5 Jahre am Zweig.

Beim Wacholder wachsen die weiblichen und die männlichen Blüten auf verschiedenen Bäumen. Es gibt also männliche und weibliche Wacholderpflanzen. Der Blütenstaub wird vom Wind verbreitet. Wenn du eine weibliche Blüte anschauen willst, brauchst du Handschuhe und ein Vergrößerungsglas. Die Nadeln stechen fürchterlich, und die Blüten sind so klein, daß man sie fast nicht sieht. Sie sitzen an der Stelle, wo die Nadeln aus dem Zweig wachsen.

Wenn die weibliche Blüte befruchtet ist, wächst sie zu einer Beere. Die Wacholderbeere enthält drei Samen und ist im ersten Jahr grün. Im Herbst des zweiten Jahres ist die Beere dunkelblau geworden und reif. Die Wacholderbeere gibt ihre Samen nicht wie die Zapfen ab. Statt dessen verbreiten Vögel und andere Tiere die Samen. Sie fressen die Beeren und geben die Samen an einem Ort wieder von sich, wo dann neue Wacholder wachsen können.

Es gibt eine kleine Mücke, die manchmal ihre Eier in die Nadelknospen des Wacholder legt. Da bildet sich dann die Nadel zu einer sogenannten „Keuchbeere“ um. Die Larve entwickelt sich in dieser Keuchbeere. Die Keuchbeere hat ihren Namen daher, daß man sie früher in Milch kochte als Medizin gegen Keuchhusten.

Das Holz des Wacholders ist hart und riecht sehr gut. Früher machte man oft Geländer und Holzzäune daraus. Heute nimmt man es vor allem für alle möglichen Schnitzarbeiten wie Buttermesser und Schöpfer. Wacholderreisig verwendet man zum Räuchern von Fisch und Fleisch. Die Beeren kann man als Gewürz in verschiedenen Gerichten verwenden.

Der Wacholder wächst langsam und kann sehr alt werden. Manche Arten werden bis zu 1000 Jahre alt!

Der Wacholder kann sehr verschieden aussehen.

Zweig

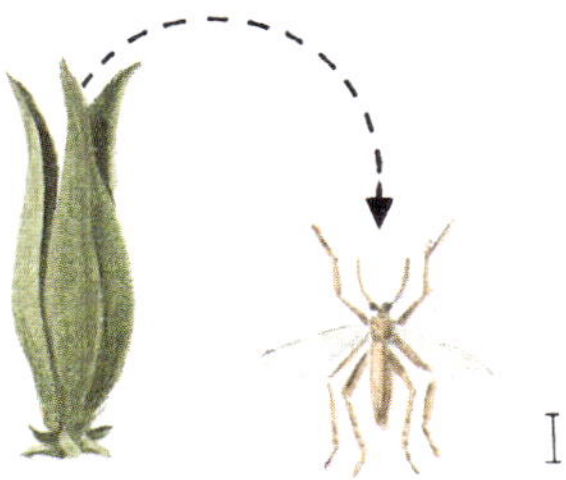

Keuchbeere und die Mücke, die ihre Eier in die Nadelknospen legt. Die Mücke ist nur so groß wie der Strich daneben.

So sehen die Blüten und Nadeln des Wacholder vergrößert aus.

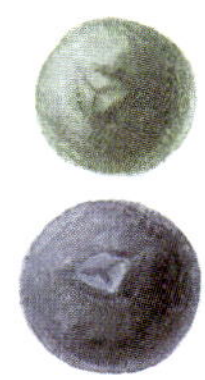

Wacholderbeere. Oben die unreife Beere.

Salweide

Die Salweide gehört zu einer großen Pflanzenfamilie, die *salix* heißt. Viele verschiedene Büsche und Bäume, die wir Weide nennen, gehören zu dieser Familie. Die Salweide wächst im ganzen Land, außer in den Bergen. Du kannst die Salweide an sehr verschiedenen Plätzen finden: am Waldrand, an Grabenrändern, in Gehölzen und auf Wiesen.

Die Salweide ist ein großer Busch oder ein Baum, der nur selten höher als 15 Meter wird. Die Rinde ist anfangs graugrün und glatt, später wird sie grau mit rotbraunen Rissen. Die Blätter sind auf der Oberseite dunkelgrün und auf der Unterseite grau behaart.

Reife Früchte

Die Salweide hat männliche und weibliche Blüten, die auf verschiedenen Bäumen wachsen. Wenn die männliche Weide blüht, leuchten die gelben Blüten von weitem. Der weibliche Baum ist etwas gedeckter in der Farbe und hat graugrüne Blüten. Schon gegen Ende des Winters platzen die Knospen der männlichen Blüten auf, und die silberglänzenden „Kätzchen" kommen hervor. Die „Kätzchen" sind eigentlich eine Art Fell aus feinen Haaren, welche die Blütenknospen vor der Kälte schützen.

Wenn die Salweide blüht, wachen auch wieder viele Insekten auf, die den Winter über geschlafen haben, zum Beispiel Hummeln und Bienen. So zeitig im Frühjahr haben fast nur die Blüten der Salweide so viel Pollen und Nektar, daß die hungrigen Insekten sich satt essen können. Wenn sie von Blüte zu Blüte fliegen, nehmen sie Blütenstaub mit und helfen so bei der Bestäubung. Als Dank dafür bekommen sie jede Menge guten, süßen Nektar.

Samen

Die kleinen behaarten Samen sitzen in wolligen Büscheln und werden vom Wind verbreitet, wenn sie im Frühsommer reif sind.

Verglichen mit vielen anderen Bäumen lebt die Salweide nicht sehr lange. Sie wird nur selten älter als 50 Jahre.

Die Hummel saugt den Nektar der Salweide

Zeitig im Frühjahr
schauen
die „Kätzchen“ hervor.

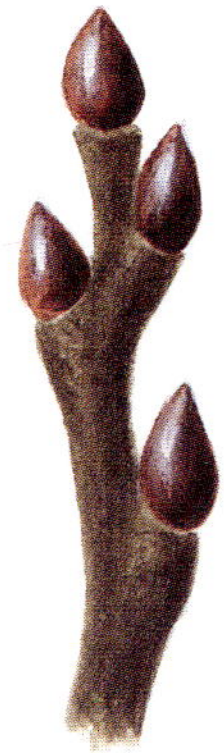

Knospen

♀

♂

Zitterpappel

Man kann es hören, wenn eine Zitterpappel, die man auch Espe oder Aspe nennt, in der Nähe ist! Der kleinste Windhauch genügt, und schon zittert und raschelt die Espe mit ihren Blättern. Der lange Blattstiel der Zitterpappel ist am Blattansatz seitlich abgeflacht. Deshalb dreht sich das Blatt ständig auf eine Seite, ohne eine Mittellage zu finden.

Die Zitterpappel gehört wie die bei uns oft angepflanzte Pyramidenpappel zur Familie der Pappeln. Sie mag helle Standorte wie Waldränder, Gehölze, Kahlschläge und Lichtungen.

Im März-April blüht die Espe mit männlichen und weiblichen Blüten, die auf dem gleichen Baum wachsen. Sie blühen in langen, wolligen Kätzchen, und die Bestäubung geschieht durch den Wind. Die kleinen Samen haben feine Haare, damit der Wind sie besser mitnehmen kann. Die Samen werden im Mai reif, und da treiben auch die Blätter aus. Die Blätter der Zitterpappel haben nicht nur im Herbst, sondern auch im Frühjahr Herbstfarben. Wenn die Blätter austreiben, ist das Chlorophyll noch nicht entwickelt. Deshalb sind sie rotbraun, bis das Chlorophyll sie färbt. Die Blätter werden dann dunkelgrün mit etwas hellerer Unterseite.

Reife Früchte

Die Espe vermehrt sich nicht nur mit Hilfe ihrer Blüten. Es können auch neue Espen aus den Wurzeln wachsen, aus sogenannten Wurzeltrieben. Besonders wenn man eine Espe fällt, wachsen sehr viele Wurzeltriebe nach. Es gibt noch mehr Bäume, die sich auf diese Weise vermehren können, zum Beispiel die Esche und die Traubenkirsche.

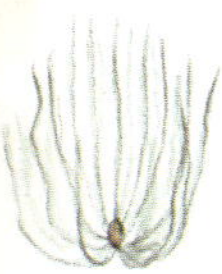

Samen

Das Holz der Zitterpappel ist hell und leicht. Man kann es auch gut spalten, und deswegen verwendet man es zur Herstellung von Streichhölzern.

Die Espe wird ungefähr 100 Jahre alt und etwa 20 Meter hoch.

Der kleine Espen-Glanzkäfer frißt sehr gerne Espenblätter.

Knospen im Winter

Männliche Kätzchen

♂

Weibliche Kätzchen

♀

Birke

Weißbirke und Moorbirke

Weißbirke

Die Birke erkennt man leicht am weißen Stamm. Die glatte Rinde löst sich in papierdünnen Schuppen. Bei uns gibt es drei wichtige Birkenarten: die Weißbirke (Warzenbirke, Sandbirke), die Moorbirke und die Zwergbirke. Die Weißbirke und die Moorbirke sind sehr ähnlich. Die dritte, die Zwergbirke, ist ein kleiner Busch, der in Mooren und im Gebirge wächst.

Die Weiß- oder Warzenbirke wächst auf ziemlich trockenem Boden. Ihren zweiten Namen hat sie von den kleinen hellen „Warzen", die auf den jungen Trieben sind. Bei älteren Birken hängen die Zweige oft herab, man nennt sie deshalb auch manchmal „Hängebirken". Das Blatt der Weißbirke hat eine längere, schmalere Spitze als das der Moorbirke.

Moorbirke

Die Moorbirke liebt feuchte Böden wie Seeufer und Moore. Manchmal kann man Moorbirken sehen, die voller wirrer Knäule sind, die aussehen wie Vogelnester. Man nennt sie „Hexenbesen", und es sind Knäule aus Zweigen, die sich bilden, wenn der Baum von einem Parasiten-Pilz angegriffen wird.

Die Birke hat männliche und weibliche Blüten auf einem Baum. Die Blüten sitzen dicht übereinander wie kleine Kolben. Diese Art von Blüten (die auch viele andere Bäume haben), nennt man Kätzchen. Die weiblichen Blüten stehen zuerst aufrecht, aber wenn sie befruchtet worden sind, wenden sie sich um und hängen herab. Das Holz wurde früher für viele Geräte und Werkzeuge verwendet, zum Beispiel für Axtgriffe, Schöpfer, Quirle und Skier. Aus der Rinde machte man Schachteln und Dosen und sogar Schuhe! Heutzutage verwendet man Birkenholz hauptsächlich für Möbel, und man macht Papier daraus.

Zwergbirke

Die Birke wächst bei uns überall und kann etwa 25 Meter groß und etwa 100 Jahre alt werden.

Die Knospen der Moorbirke im Winter.

Samen

Weißbirke

Die Knospen der Weißbirke im Winter. Die männlichen Kätzchen an der Spitze sind schon im Sommer gewachsen.

Zwergbirke

Moorbirke

Weißbirke

Erle

Schwarzerle und Grauerle

Schwarzerle

Bei uns gibt es zwei wichtige Erlenarten: die Schwarzerle und die Grauerle. Damit die Schwarzerle sich wohlfühlen kann, braucht sie nassen oder feuchten Boden wie an Seeufern und Wasserläufen. Manchmal wächst sie in Sümpfen, wo es so naß ist, daß sie sogar *im* Wasser wächst. Die Grauerle kann auch auf feuchtem Boden wachsen, aber sie ist genauso zufrieden mit trockenen und steinigen Standorten.

Im Sommer kann man die beiden Erlen an den Blättern unterscheiden. Das Blatt der Schwarzerle ist an der Spitze abgeflacht oder nach innen gezogen, während das Blatt der Grauerle eine deutliche Spitze hat. Die Rinde der *Grau*erle und die Unterseite der Blätter sind *gräulich*. Die Knospen und jungen Blätter der Schwarzerle sind klebrig.

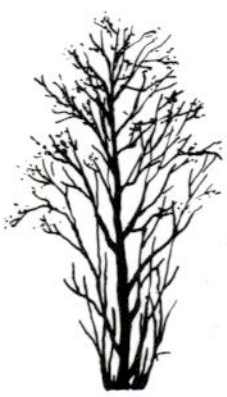

Grauerle

Bei den Erlen wachsen die männlichen und weiblichen Blüten auf dem gleichen Baum. Die männlichen Blüten verstreuen im März-April ihren Blütenstaub mit dem Wind. Wenn die weiblichen Blüten befruchtet worden sind, wachsen sie zu kleinen, zapfenähnlichen, grünen Früchten heran, die man Erlenzapfen nennt. Die Erlenzapfen bleiben noch lange hängen, wenn sich die Samen herausgelöst haben. Deshalb sieht man oft grüne, unreife Zapfen zusammen mit vorjährigen dunkelbraunen an einem Zweig. Die Zapfen der Schwarzerle haben einen Stiel, die der Grauerle nicht. Das ist im Winter ein gutes Erkennungszeichen.

Im Herbst ziehen sich die Erlen kein schönes, buntes Herbstgewand an. Sie lassen ihre Blätter genauso grün fallen, wie sie den ganzen Sommer gewesen waren.

Aus dem Holz der Schwarzerle kann man gut Holzschuhe anfertigen. Das weiche Holz läßt sich leicht bearbeiten und wird glatt und schön am Fuß.

Eine Schwarzerle wird nicht sehr alt, knapp 100 Jahre. Aber es können große Bäume von 20—25 Metern werden. Die Grauerle kann bis zu 200 Jahre alt werden, wächst aber nicht höher als 15—20 Meter.

Unreife Erlenzapfen

Die weiblichen Blüten und
die Zapfen der Schwarzerle
haben einen Stiel.

Die weiblichen Blüten und
Zapfen der Grauerle haben
keinen Stiel.

Buche

Rotbuche

Du liest gerade in einem Buch. Aber warum heißt ein Baum fast genauso? Das Wort Buch kommt von beschrifteten Buchenholztafeln, die man als „Buch" zusammengebunden hat.

Vor allem auf kalkhaltigen Böden sind Buchen die bestimmenden Bäume unserer Laubwälder. Auch in Parkanlagen und Gärten werden sie häufig gepflanzt. Die Rinde ist hellgrau und glatt. Die dunkelgrünen, glänzenden Blätter haben eine gewellte Kante. Im April treiben die Blätter aus, und sie haben kleine, feine Haare und sind ganz hellgrün und verbreiten ein ganz zartes Grün. In dieser Zeit ist der Buchenwald am schönsten.

Eine frei wachsende Buche blüht erst, wenn sie ungefähr 50 Jahre alt ist. Wenn sie in einem Buchenwald steht, kann es bis zu 80 Jahre dauern, ehe die ersten Blüten kommen! Die weiblichen und männlichen Blüten wachsen auf dem gleichen Baum, und sie treiben gleichzeitig mit den Blättern aus. Die weiblichen Blüten werden mit Hilfe des Windes befruchtet, und dann wachsen sie zu einer harten, stacheligen Frucht heran. Im Herbst öffnet sich die Frucht und gibt dann ihre großen Samen frei, die Bucheckern. Die Bucheckern sind dreieckig und sehr beliebt bei Vögeln und anderen Tieren. Besonders Eichelhäher, Eichhörnchen und Wühlmäuse fressen gerne Bucheckern.

Möbel, Parkettböden, Lineale und Eisstiele sind einige der Dinge, für die man das harte Holz der Buche verwendet.

Die Buche ist unser größter Laubbaum und kann bis zu 40 Meter hoch werden. Sie kann ungefähr 400 Jahre alt werden, aber die meisten Buchen werden nicht älter als 150 Jahre.

Buche, die im Wald wächst

Freiwachsende Buche

♀

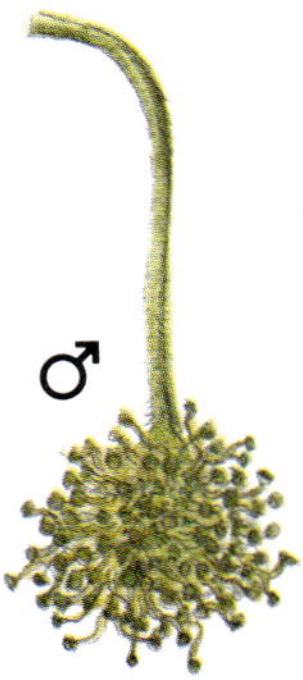

♂

Zweig im Winter

Reife Frucht

Die Bucheckern sind dreieckig

Eiche

Stieleiche

Stieleiche

Die Eiche wird manchmal als „König der Bäume“ bezeichnet. Das ist verständlich, wenn man sich diese Riesen mit den dicken knorrigen Ästen anschaut, die die „königliche“ Krone tragen. Die Eiche braucht viel Licht und wächst sowohl auf feuchtem als auch auf trockenem Boden.
Im Lauf der Jahre wird die Rinde der Eiche rauh und bekommt tiefe Risse. Die Blätter sind matt dunkelgrün mit helleren Unterseiten. Die Blattränder haben gerundete Einbuchtungen. Die Blätter treiben erst im Mai aus.

Trauben-eiche

Die Blüten der Eiche erscheinen gleichzeitig mit den Blättern. Die männlichen Blüten sitzen in lockeren Kätzchen. Die weiblichen Blüten, die auf dem gleichen Baum wachsen, sind sehr klein und sitzen an den Spitzen der Jahrestriebe. Die Bestäubung übernimmt der Wind. Die Früchte der Eiche, die Eicheln, sitzen nackt in kleinen „Bechern“ und fallen im Herbst auf die Erde.

♀

Eichen können sehr alt werden. 400—500 Jahre ist nicht ungewöhnlich, und in seltenen Fällen spricht man sogar von tausendjährigen Eichen, obwohl deren Alter nicht exakt bestimmt werden konnte. Eichen können bis zu 25 Meter hoch werden.

Das Holz der Eiche ist hart und fest. Früher wurden vor allem in England Segelschiffe der Kriegsmarine aus Eiche gebaut. Mehrere tausend Eichen wurden manchmal für ein einziges Schiff verbraucht! Heute wird das Holz der Eiche hauptsächlich für Möbel, Schwellen, Parkettböden und vieles mehr verwendet.

Neben der Stieleiche gibt es bei uns eine zweite wichtige Eichenart, die viele unserer Laubwälder bestimmt: die Traubeneiche. Sie ist der Stieleiche sehr ähnlich, aber sie hat eine schmalere Krone, die Blätter haben einen längeren Stiel, und sie haben nicht die „Ohrläppchen“ an der Blattbasis. Die Eicheln der Traubeneiche haben keinen Stiel. Du kannst es auf den Bildern auf der nächsten Seite sehen.

♂

Der Eichelhäher mag sehr gerne Eicheln

Stieleiche

Zweig mit Knospen der Stieleiche

Stieleiche

Traubeneiche

Ulme

Bergulme

Ein gutes Kennzeichen der Ulme oder Bergulme, wie sie eigentlich heißt, sind die breiten, spitzen Blätter. Das Blatt der Bergulme ist auf der Oberseite rauh wie eine Katzenzunge. Es hat einen kurzen Stiel und die Blattbasis ist immer mehr oder weniger schief. Du kannst die Bergulme in lichten Wäldern und auf Baumwiesen finden, aber auch als Zierbaum in Parks in der Stadt. Die Ulme kann groß werden: 30 Meter hoch und 400–500 Jahre alt.

Die Rinde wird im Lauf der Jahre dunkel und rauh. Die Knospen der Bergulme sind kugelig, und im späten Frühjahr schwellen sie an und sehen ungefähr aus wie kleine rotbraune Erbsen.

Die Blüten sind zweigeschlechtlich, die Staubgefäße und der Stempel sind in ein und derselben Blüte. Sie blühen schon im März-April, bevor die Blätter austreiben, und der Blütenstaub wird vom Wind verbreitet. Die Früchte sehen aus wie kleine „Münzen" und sie wachsen in dichten Trauben, und jede „Münze" hat einen Samen in der Mitte. Am Anfang sind die Früchte hellgrün, aber wenn die Samen im Juli reif werden, sind sie hellbraun geworden. Sie fallen dann ab und wirbeln auf die Erde, wo sich unter den Bäumen große Haufen von „Ulmen-Münzen" bilden können.

Leider werden viele Ulmen von einer Krankheit befallen, die Ulmenkrankheit heißt. Sie wird von einem Pilz hervorgerufen, der den Stamm und die Äste der Ulme so sehr angreift, daß sie schließlich stirbt. Die Krankheit wird von einem Käfer verbreitet, der sein Nest in das Holz der Ulme bohrt.

Das Holz der Ulme ist haltbar und wurde früher viel verwendet, unter anderem für Wagenräder, Wasserrinnen und Mühlräder. Man backte auch Brot aus der Ulmenrinde (siehe Kiefer, S. 16). Heute macht man aus dem schönen Holz der Ulme hauptsächlich Möbel.

Neben der Bergulme gibt es bei uns noch die Feldulme und, vor allem in den Auwäldern der Flüsse, die Flatterulme. Auch die Englische Ulme wurde an vielen Stellen angepflanzt.

Knospen im Winter

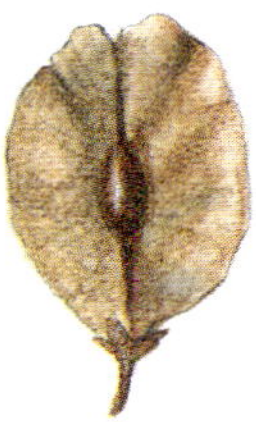

Samen

Das Blatt der Ulme ist an der Blattbasis immer ein wenig schief.

Traubenkirsche

Wenn im Mai die Traubenkirsche blüht, dann neigt sich der Frühling seinem Ende zu, und der Sommer steht vor der Tür. Es ist, als ob die ganze Natur vor Grün und Düften explodieren würde. An lauen Frühsommerabenden riecht man den süßlichen Duft der Blüten der Traubenkirsche von weitem. Dieser herrliche Duft und der Überfluß an Blüten hat die Traubenkirsche zu einem beliebten Garten- und Parkbaum werden lassen. Die Traubenkirsche wächst aber auch wild. Sie mag allerdings keinen Kalk. In Gehölzen, am Waldrand und an Seeufern fühlt die Traubenkirsche sich am wohlsten.

Die Traubenkirsche wird nicht besonders groß. Oft ist sie nur ein Busch von 3—4 Metern Höhe. Im Höchstfall wird die Traubenkirsche 15 Meter hoch und selten älter als 100 Jahre. Die Rinde ist anfangs braun und glatt mit deutlichen, kleinen hellen Punkten (Rindensporen). Bei älteren Bäumen ist die Rinde rauh und gräulich. Die Blätter, die vor der Blüte austreiben, sind spitz und haben einen fein gesägten Rand. Die Stiele sind oft rötlich. Die weißen Blüten sind zweigeschlechtlich und wachsen in dichten Dolden. Der starke Duft lockt viele Insekten an, die bei der Bestäubung helfen. Die schwarzen, glänzenden Früchte, die Traubenkirschen, reifen im Sommer. Jede Kirsche enthält einen Samen mit einer harten Schale, wie der Stein in einer Pflaume oder Kirsche. (Pflaumen und Kirschen sind mit der Traubenkirsche verwandt.) Die Traubenkirsche ist nicht giftig, schmeckt aber auch nicht besonders gut. Die Samen werden von den Vögeln verbreitet, welche die Früchte fressen.

Achtung! Iß niemals Früchte oder Beeren, wenn du nicht absolut sicher weißt, um welche Sorte es sich handelt. Es gibt auch giftige Beeren und Früchte. Frag immer einen Erwachsenen, der sich auskennt, wenn du nicht sicher bist.

Reife Früchte

Blühende Traubenkirsche

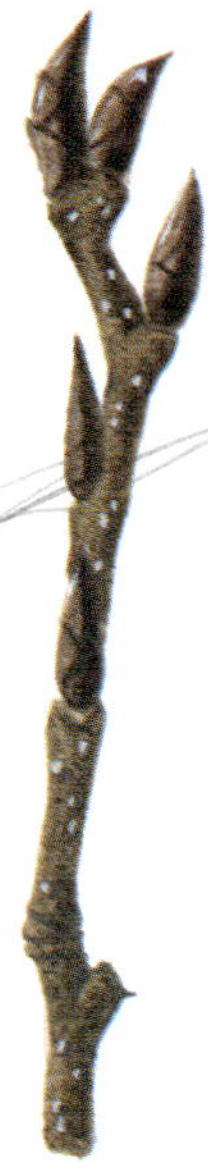

Knospen

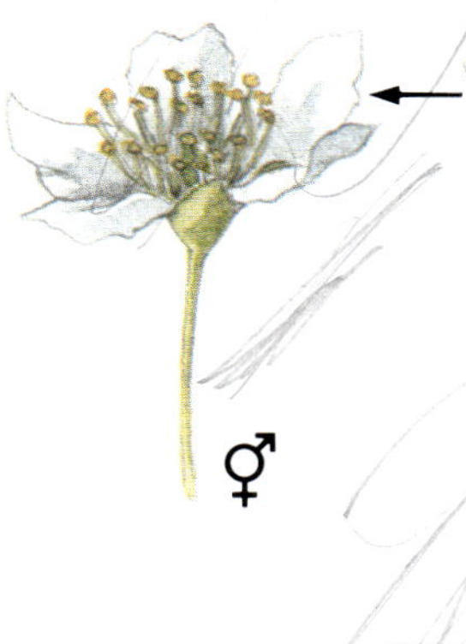

Blütendolde

Vogelbeere

Eberesche

Die Vogelbeere kommt in ganz Europa vor. Sie begnügt sich mit magerem, trockenem Boden, braucht aber viel Licht. Die Samen keimen sehr leicht, und deshalb kannst du die Vogelbeere an den unterschiedlichsten Standorten finden. Sogar auf Mauern oder in den Astgabeln anderer Bäume (sogenannte „Flug-Ebereschen"). Die Ebereschen sind natürlich nicht von selbst dorthin geflogen, sondern mit Hilfe von Vögeln, die die Vogelbeeren gefressen haben und dann die Samen an den verschiedenen Stellen wieder von sich gegeben haben.

Die Blätter der Vogelbeere sind *gefiedert*. Das bedeutet, daß jedes Blatt aus mehreren kleinen Blättern besteht, die an einem verlängerten Stiel sitzen. Jedes Vogelbeerblatt besteht aus ungefähr 15 kleinen Blättern, aber es können auch mehr oder weniger sein. Die Blätter schlagen im März-April aus, und ungefähr einen Monat später kommen die Blüten.

Die Blüten der Vogelbeere sind zweigeschlechtlich und wachsen in dichten Dolden. Sie sind cremeweiß und riechen ziemlich unangenehm. Insekten befruchten die Blüten, und schon im Juni kann man die Früchte sehen, die Vogelbeeren. Im Juli werden die grünen Beeren erst gelb, dann orange, und wenn sie reif geworden sind, sind sie herrlich rot und hängen in großen Trauben am Baum. Vögel, vor allem Amseln und Drosseln, fressen sehr gerne Vogelbeeren und tragen so zur Verbreitung der Samen bei. Eine Vogelbeere enthält 2–3 Samen. Man kann Vogelbeeren essen, aber sie sind sehr sauer. Es ist schon besser, mit Zucker Marmelade oder Gelee aus den Beeren zu kochen. Das schmeckt köstlich!

Die Blätter wurden früher in Notzeiten als Tierfutter verwendet, die Beeren waren schon immer beliebt bei Menschen und Tieren. Manchmal wächst die Eberesche wie ein Busch, als Baum kann sie ungefähr 20 Meter groß werden. Die Vogelbeere wird selten älter als 100–150 Jahre.

Die Amsel hilft bei der Verbreitung der Samen.

Die Eberesche im Herbst

Winterzweig mit Knospen

Reife Vogelbeeren

Schwedische Mehlbeere

Die Mehlbeere ist eine „Cousine“ der Vogelbeere. Beide Bäume sind eng miteinander verwandt, aber dennoch sehr verschieden. Die schwedische Mehlbeere kommt in Nordostdeutschland wild wachsend vor, unterscheidet sich aber nur durch die tiefer gelappten Blätter von der Mehlbeere, die im Süden häufiger ist. Sie braucht viel Licht und fühlt sich deshalb am wohlsten auf Lichtungen, in Gehölzen, an Waldrändern und sonstigen offenen Standorten.

Die Blätter der Mehlbeere sind einfach und dunkelgrün und haben eine helle, behaarte Unterseite. Sie unterscheiden sich also sehr von den kleinen, gefiederten Blättern der Vogelbeere. Die Knospen der Mehlbeere sind kahl, die der Vogelbeere behaart. Der Stamm der Mehlbeere wird oft sehr viel dicker als der der Vogelbeere.

Wenn die Mehlbeere im Mai blüht, kannst du sehen, daß sie mit der Vogelbeere verwandt ist. Die Mehlbeerblüten sind ein klein bißchen größer als die der Vogelbeere, aber ansonsten sehen sie gleich aus. Sie haben die gleiche Farbe und Form und den gleichen unangenehmen Geruch. Auch die Bestäubung geschieht auf die gleiche Weise durch Insekten. Die Beeren sehen allerdings anders aus. Die Mehlbeeren sind mehr orange und haben mehliges, süßliches Fruchtfleisch. Für die Verbreitung der Samen sorgen die Vögel.

Das Holz der Mehlbeere ist hart und wurde für vielerlei Gegenstände verwendet: Wagen- und Mühlradachsen, Zahnräder, Schrauben und Walzen. Zollstöcke und Bowlingkugeln macht man auch aus dem Holz der Mehlbeere. Aus den Beeren kann man Gelee und Marmelade kochen. Das hat man früher sehr viel gemacht, als es wenig zu essen gab. Da röstete man auch die Mehlbeeren über der Glut und aß sie wie „Popcorn“. Die Mehlbeere hieß früher auch manchmal „Pupsbeerenbaum“. Sie hieß deshalb so, weil die Beeren pfiffen und „pupsten“, wenn beim Rösten über der Glut die Luft entwich. Es heißt auch, daß man pupsen muß, wenn man frische Mehlbeeren ißt! An windigen Standorten, z. B. an der Küste, wächst die Mehlbeere als niedriger Baum. Sie kann aber bis zu 15–20 Meter groß werden, wenn sie einen geschützten Standort hat.

Zweig im Winter

Reife Mehlbeeren

Ahorn

Spitzahorn

Im Sommer erkennt man den Ahorn leicht an den großen handförmig gelappten Blättern. Sie erinnern an eine Hand mit gespreizten Fingern. Im Herbst ist die Krone des Ahorns wie ein Feuerwerk aus gelben, roten und orangefarbenen Blättern. Der Spitzahorn ist mehr im Norden zu Hause, während im Süden der Bergahorn vorherrscht. Der Ahorn wächst auf Wiesen, in Gehölzen und lichten Wäldern. Er ist auch ein beliebter Zierbaum. In der Stadt in Parks, Gärten und Alleen und auf dem Land als Hofbaum.

Die Knospen sind kahl und glänzend, und sowohl die Triebe als auch die Knospen sind im Winter dunkelrot gefärbt. Bei jungen Bäumen ist die Rinde glatt, bei älteren wird sie dunkel und gefurcht. Der Ahorn hält überhaupt keine Ordnung bei seinen Blüten. Alle Sorten von Blüten wachsen in einem einzigen Durcheinander! Einige Ahornbäume haben nur männliche Blüten, andere nur weibliche. Es gibt auch Ahornbäume mit nur zweigeschlechtlichen Blüten oder allen Sorten von Blüten auf einem einzigen Baum! Aber der Ahorn schafft es dennoch gut, sich zu vermehren. Die gelben Blüten brechen im Mai entweder kurz vor oder zusammen mit den Blättern auf. Die Insekten helfen bei der Bestäubung, und als Dank für die Hilfe bekommen sie jede Menge Nektar aus den Blüten des Ahorns.

Die Früchte bestehen aus zwei Hälften, und jede Hälfte hat einen Samen mit einem großen Flügel. Wenn die Samen reif sind, wirbeln sie wie Propeller mit Hilfe ihrer Flügel auf die Erde. Man nennt die Früchte auch manchmal „Nasen“. Wenn du vorsichtig eine halbe Frucht aufmachst, kannst du sie wie eine Pappnase aufsetzen. Sie haben nämlich einen „Klebstoff“, der sie auf der Nase festhält!

Das schöne harte Ahornholz wird hauptsächlich für Möbel, Kästen und Musikinstrumente verwendet. Man kann es leicht glatt und glänzend polieren.

Der Ahorn kann 150 Jahre alt und 20–25 Meter hoch werden.

Die Blüten wachsen in quastenähnlichen Rispen

Knospe

Frucht

Roßkastanie

Eigentlich ist die Roßkastanie bei uns kein „wilder" Baum, aber sie ist doch so weit verbreitet, daß sie in dieses Buch aufgenommen wird. Seit langer Zeit wird die Kastanie bei uns angepflanzt, und seither hat sie sich verbreitet, sowohl durch den Menschen als auch von selbst (durch natürliche Samenverbreitung). Heute gibt es sie überall auf Bauernhöfen und als einzelnen Baum in der Natur. Aber die Roßkastanie ist vor allem ein „Stadtbaum"; sie ziert Parks, Gärten und Alleen. Wild wächst sie im nördlichen Griechenland, in Jugoslawien und Bulgarien.

Das kleine „Hufeisen"

Die Roßkastanie ist ein stattlicher Baum von 25—30 Meter Höhe. Sie kann sehr alt werden, ungefähr 400 Jahre. Bei älteren Bäumen ist die Rinde dunkelbraun und blättert in dünnen Stücken ab. Die riesengroßen Blätter sind aus fünf bis sieben kleineren Blättern zusammengesetzt und haben einen langen Stiel. Die großen, glänzenden Knospen werden im Frühjahr, bevor sie ausschlagen, klebrig wie Bonbons. Eine blühende Roßkastanie kann man nicht übersehen. Im April-Mai leuchten die großen Blütenstände wie weiße Fackeln und locken viele Insekten an, die bei der Bestäubung helfen. Die Blüten sind zweigeschlechtlich, und im August-September sind die stacheligen Früchte reif und fallen auf den Boden.

In den Früchten sind die braun-glänzenden großen Samen, die Kastanien. Sie sind giftig und man kann sie nicht essen. Aber in Südeuropa wächst ein Baum, der eßbare Kastanien hat, die *Eßkastanie*. Die beiden Bäume sind überhaupt nicht verwandt, aber die Samen ähneln sich, und deshalb heißt die Roßkastanie auch Kastanie. Und das Roß oder Pferd? Dafür gibt es mehrere Erklärungen. Eine ist, daß man früher Pferden gemahlene Kastanien gab, wenn sie Koliken hatten. Eine andere ist die, daß der Blattstiel am Zweig eine Spur hinterläßt, die an einen kleinen Hufabdruck erinnert. Guck selber nach!

Samen der Eßkastanie

Samen der Roßkastanie (Kastanie)

Unreife Frucht
Knospe
⚥
Blütenstand
Reife Frucht (geöffnet)

Linde

Winterlinde

Die Linde und die Eiche sind bei uns die Bäume, die am ältesten werden können. Eine Linde kann über 800 Jahre alt werden, und man hat Linden gefunden, die zwischen 1000 und 2000 Jahre alt sind! Die Linde wird allerdings nicht sehr groß, knapp 20 Meter. Die Linde verträgt Schatten und fühlt sich auf nährstoffreichem Boden in Laubwäldern wohl, sie mag auch steinige Böden.

Bei jungen Linden ist die Rinde glatt und graubraun. Ältere Stämme sind sehr dunkel, fast schwarz mit rauher, gefurchter Rinde. Die langstieligen Blätter sind herzförmig mit einer deutlichen langgezogenen Spitze und fein gesägtem Rand.

Die Linde blüht im Juni-Juli, später als alle anderen heimischen Bäume. Wenn du unter einer blühenden Linde stehst, kannst du das Summen von den vielen Bienen hören, die von Blüte zu Blüte fliegen und den süßen Nektar saugen. Die wohlriechenden Blüten sind zweigeschlechtlich und sitzen in Büscheln auf Stielen. Jeder Blütenstand hat außerdem noch ein längliches Blatt, das *Hochblatt.* Das Hochblatt dient als Flügel, wenn die reifen Früchte vom Wind weggetragen werden. Die Früchte fallen im Herbst und im Winter.

Lindenholz kann man leicht schneiden und schnitzen, deshalb wird es oft für Holzplastiken und andere Schnitzarbeiten verwendet.

Die gewöhnliche Linde heißt eigentlich *Winterlinde,* es gibt aber bei uns auch andere Lindensorten: die *Sommerlinde* und die *Holländische Linde.* Die Holländische Linde, eine Kreuzung aus Sommerlinde und Winterlinde, ist ein verbreiteter Baum in Parks und Alleen.

Blütenstand mit Hochblatt

Früchte

Esche

Die Esche ist ein prachtvoller Baum, der ungefähr 20–30 Meter groß wird. 250 Jahre sind kein ungewöhnliches Alter für eine Esche, und es gibt Eschen, die über 500 Jahre alt geworden sind. Der Stamm kann sehr dick werden und einen Umfang von sechs bis sieben Meter bekommen. Die Esche braucht viel Licht, deshalb findet man sie oft an offenen Standorten wie Waldrändern, Gehölzen und Lichtungen. Die Esche wächst auch als Zierbaum in den Parks und Gärten in der Stadt. Die Blätter der Esche erscheinen von allen Laubbäumen am spätesten, nicht vor Juni, und sie fallen auch zuerst, bereits Ende September. Die recht großen, gefiederten Blätter bestehen aus 9–15 kleinen Blättern, die spitz sind und einen gezahnten Rand haben. Die Rinde ist zuerst glatt und graugrün, mit der Zeit wird sie grau und bekommt dichte Risse. Die schwarzen Knospen sind breit und matt. Kein anderer Baum hat solche Knospen, sie sind deshalb ein gutes Merkmal für die Esche.

Genau wie der Ahorn nimmt es die Esche mit ihren Blüten „nicht so genau". Es kommen sowohl weibliche, männliche als auch zweigeschlechtliche Blüten vor. Manchmal wächst eine Mischung von all diesen Blütensorten auf einem Baum. Die Esche blüht im April-Mai, bevor die Blätter ausschlagen. Die rötlichen Blüten sitzen in quastenähnlichen Rispen. Der Wind bestäubt die Blüten. Die Früchte wachsen in Büscheln, und jede Frucht besteht aus einem geflügelten Samen. Am Anfang sind die Früchte hellgrün, wenn sie reifen, werden sie gelbbraun. Wenn die Esche ihre Blätter verloren hat, hängen sie bis tief in den Winter hinein noch wie kleine Büschel am Baum. Wenn sie dann abfallen, werden sie vom Wind mitgenommen. Der Flügel ist wie eine Spirale gewunden, das verursacht einen „Dreh", wenn sie davonfliegen.

Reife Frucht

Das helle, harte Holz wird oft zu Möbeln, Spazierstöcken, Sportgeräten, Rudern, Axtgriffen und Skiern verarbeitet.

Samen (vergrößert)

Unreife Früchte

Knospen

Blütenstand

Zum Weiterlesen

Aas, Gregor u. Andreas Riedmiller:
GU Naturführer Bäume, München 1987

Aichele, Dietmar u. a.:
Welcher Baum ist das?, 22. Aufl., Stuttgart 1988

Fischer, Susanne:
Blätter von Bäumen, 4. Aufl., München 1989

Godet, Jean D.:
Bäume und Sträucher, Melsungen 1987

Humphries C. J. u. a.:
Der Kosmos-Baumführer, 3. Aufl., Stuttgart 1987

Mitchell, Alan:
Laub- und Nadelbäume Europas, Stuttgart 1987

Register